AF500356

LE MAGNÉTISME HUMAIN

CONSIDÉRÉ COMME AGENT PHYSIQUE

MÉMOIRE

LU AU

CONGRÈS MAGNÉTIQUE INTERNATIONAL

Par H. DURVILLE

Secrétaire général

De la *Société Magnétique de France*

Prix : 60 centimes

PARIS

LIBRAIRIE DU MAGNÉTISME

23, Rue Saint-Merri, 23

1890

OUVRAGES DE L'AUTEUR

A la même Librairie

Traité expérimental et thérapeutique de magnétisme, avec 8 fig. Cours professé à l'*Institut magnétique*, 2e édit. in-16, 1886, relié .... 2 fr.

Application de l'aimant (Magnétisme minéral) au traitement des maladies, avec 12 figures, 2e édition, in-16, 1889 .... 1 fr.

Lois physiques du magnétisme. — Polarité humaine, brochure, in-8, 1886 .... 0 fr. 30

Description du Sensitivomètre. Application de l'aimant à la mesure de la sensitivité magnétique et au traitement de quelques maladies, avec 3 fig. brochure in-8, 1888. 20 c.

JOURNAL DU MAGNÉTISME

Le *Journal du Magnétisme*, fondé en 1845, par M. le baron Du Potet, paraît tous les mois, sous la direction du professeur H. Durville.

Il publie les principaux travaux de la *Société magnétique de France*, dont il est l'organe, ainsi que le compte rendu de ses séances ; des travaux originaux sur la théorie du Magnétisme et sur la polarité, des cures magnétiques, une revue des livres nouveaux, un article nécrologique, des actualités, des informations, etc. etc.

Ayant toujours été dirigé par les maîtres de la science magnétique, il forme aujourd'hui une collection de vingt trois volumes qui est, sans contredit, le répertoire le plus complet des connaissances magnétiques. Les vingts premiers volumes furent publiés par M. le baron Du Potet, depuis 1845 ; le 21e volume est le premier d'une deuxième série, publiée d'abord sous le titre de *Revue magnétique internationale*, par son directeur actuel.

Prix de la collection complète : 325 fr., y compris l'abonnement à l'année courante. Chaque volume séparé : 15 francs.

Prix de l'abonnement : 7 fr. par an pour toute l'Union postale. Le numéro 50 centimes.

LIBRAIRIE DU MAGNÉTISME

La *Librairie du Magnétisme* édite les ouvrages traitant de cette question et réunit tous les ouvrages publiés à Paris, en province et à l'étranger, sur le Magnétisme, l'Hypnotisme, le Spiritisme, la Théosophie, la Graphologie et les sciences dites occultes.

Demander le catalogue

A titre de commission, elle fournit à ses clients tous les ouvrages de librairie, au prix marqué par l'éditeur et fait les abonnements à tous les journaux et revues.

Elle achète ou échange tous ouvrages, portraits, gravures, etc., anciens et modernes traitant du Magnétisme et des diverses branches qui s'y rattachent.

LE

MAGNÉTISME HUMAIN

Considéré comme Agent physique

Ceux qui ne sont pas familiarisés par une pratique constante avec l'expérimentation, ne se rendent pas toujours un compte bien exact de la cause des effets qu'ils observent.

Si nous définissons le Magnétisme, *l'action que les individus exercent ou peuvent exercer les uns sur les autres*, il est évident que tous les effets que nous observons ne sont pas des effets magnétiques. Les effets obtenus par les pratiques hypnotiques — je veux dire par la méthode de Braid — en sont une preuve évidente. L'imagination du sujet mise en jeu par la suggestion ou par tout autre moyen mécanique, en est une seconde preuve non moins évidente.

Les effets qui sont réellement dûs au Magnétisme, sont encore très diversement interprétés, même par les praticiens les plus autorisés. Le plus grand nombre d'entre eux les attribuent à l'action de la volonté sous la direction de laquelle l'agent magnétique serait placé.

En examinant attentivement ce qui se produit dans beaucoup de cas, il est pourtant facile de se rendre compte que la volonté de l'opérateur n'exerce pas, sur la direction de l'agent magnétique, un empire aussi grand qu'on le suppose. Non seulement un certain nombre d'effets sont obtenus sans aucune manifestation volontaire ; mais encore, dans beaucoup de cas, malgré la volonté.

— Dans une réunion, quand un magnétiseur veut obtenir le sommeil magnétique sur une personne qui se soumet pour la première fois à cette action, il arrive fort souvent que le sujet de l'expérience n'éprouve que peu d'effets appréciables, malgré le désir, malgré la volonté du magnétiseur, tandis qu'une autre personne à laquelle il n'avait pas pensé s'endort contre toute attente.

L'agent magnétique n'a donc pas obéi à la volonté. Malgré elle, il n'a pas cessé de rayonner autour de l'opérateur et c'est dans le champ de ce rayonnement qu'une personne sensitive a été affectée.

Dans les relations ordinaires de la vie commune, en dehors de toute action de la pensée et de la volonté, il se produit spontanément bien des effets qui ne sont dûs qu'à ce rayonnement de notre personnalité.

Quand deux individus s'approchent, ils pénètrent réciproquement dans le rayonnement l'un de l'autre. Il en résulte pour chacun d'eux, une impression qui est souvent trop faible pour être directement appréciable, mais qui est quelquefois assez forte pour être perçue par les organes des sens.

Ainsi, certains besoins que l'on satisfait excitent chez ceux qui nous entourent un besoin analogue : vous riez, vous baillez, aussitôt plusieurs personnes éprouvent le besoin de rire ou de bailler.

En proie à une profonde mélancolie, si vous pénétrez dans une société où tout respire la joie et le contentement, vous devenez bientôt gai. Le contraire se produit toujours d'une façon analogue dans des conditions opposées.

Nous savons tous que l'exemple est contagieux. La joie se transmet comme la tristesse, la vertu comme le vice, la santé comme la maladie. La croyance populaire justifie cette vérité par le proverbe : « *Dis-moi qui tu hantes, je te dirai qui tu es.* »

Cette transmission qui s'opère inconsciemment d'un individu à l'autre, est certainement la cause des émotions populaires, des terreurs paniques et de beaucoup d'autres effets que l'on peut observer dans les réunions ordinaires. On peut facilement se rendre compte de cette influence dans la propagation de certaines affections contagieuses où le système nerveux est plus particulièrement affecté. Ce n'est pas par son beau côté que cette vérité devient évidente pour tout le monde, mais le raisonnement conduit sans effort à des résultats plus satisfaisants.

Le physiologiste qui ne comprend pas le mécanisme de cette transmission, l'attribue à l'*imitation*, sans se rendre compte que l'imitation n'est ici que l'effet d'une cause qui lui échappe.

Quand l'âme pense, jouit ou souffre, un mouvement vibratoire du cerveau se produit, mouvement qui, dans tous les cerveaux, est identique pour la même pensée, le même désir, le même besoin ; en un mot pour la même manière d'être des individus. Ce mouvement qui se transmet au système nerveux ne s'éteint pas à la périphérie des nerfs, mais il se transmet par ondulations au milieu ambiant. Ces ondulations frappent le système nerveux des personnes placées dans la sphère de leur action, et, par le trajet des nerfs, sans se dénaturer, le mouvement vibratoire arrive au cerveau où la même pensée, le même désir, le même besoin ; en un mot la même manière d'être se reproduit automatiquement. Cette transmission est d'autant plus facile, d'autant plus complète que le sujet récepteur est plus impressionnable, plus *sensitif*.

Tout dans la nature tend à s'équilibrer. L'être faible et languissant puise de l'énergie chez les êtres forts et robustes qui l'environnent. C'est pour cette raison que l'enfant se plait tant dans les bras de sa nourrice et que le malade, le convalescent épuisé par une longue suite de souffrances éprouve du soulagement, du bien-être, en présence d'un ami sympathique.

Les effets qui ont pour cause une transmission de cette nature sont innombrables. Il suffit de s'observer et d'observer les autres, d'étudier la nature des sensations que l'on éprouve dans les différentes circonstances de la vie commune, pour avoir bientôt la certitude que le plus grand nombre des phénomènes que l'on attribue si improprement au hasard ne sont dûs qu'à une cause : *l'influence réciproque que les individus exercent involontairement les uns sur les autres.*

Si nous observons ce qui se passe chez les animaux, nous constatons des effets qui ne sont pas sans analogie avec ceux qui se produisent au sein des sociétés humaines.

— Les naturalistes nous affirment que certains animaux sentent à des distances considérables l'approche de leurs ennemis, qu'ils sont saisis d'épouvante à l'approche d'un danger que rien ne nous fait prévoir, que le loup agit sur le chien à plusieurs kilomètres de distance et le fait hurler ; et nous savons tous que le serpent, du pied d'un arbre, fascinant l'oiseau qui repose sur sa cime l'attire à lui, et que l'épervier, du haut des airs, cataleptise la timide alouette.

Si nous pénétrons dans le règne végétal, nous observons les mêmes analogies.

— Chez certaines plantes, les fleurs à étamines se penchent vers les fleurs à pistil pour y déposer la poussière fécondante. Cette attraction est encore plus remarquable chez certaines espèces où les fleurs mâles et les fleurs femelles sont sur des pieds différents.

Jusque dans le règne minéral, il y a des analogies frappantes.

— Les métaux ou les effluves métalliques s'attirent et agglomèrent leurs molécules dans le sein de la terre. Deux cordes tendues au même degré, près l'une de l'autre, vibrent à l'unisson, quand l'une d'elles est en mouvement. Deux pendules de même longueur suspendus près l'un de l'autre et mis ensemble en mouvement, continuent à osciller quand le mouvement n'est entretenu que dans l'un d'eux. Ce phénomène se produit même quand les deux pendules sont séparés par un mur. Les corps électrisés ou aimantés s'attirent ou se repoussent à distance et leurs propriétés se communiquent-par induction. En un mot, nous voyons que tout dans la nature obéit aux lois mystérieuses d'un *magnétisme universel* et que tous les corps possèdent, à des degrés divers, la propriété d'agir sur les corps environnants.

C'est une force particulière que l'on trouve aussi dans le magnétisme propre à l'aimant et au globe terrestre, dans la lumière et jusque dans les odeurs. Elle est engendrée par l'électricité, par le calorique, par le mouvement, par le son et les décompositions chimiques. Cette force, ou pour mieux dire cet agent, c'est le *Magnétisme physiologique* que je qualifie ainsi, car il se fait sentir sur l'organisme, sans déceler son action sur nos instruments de laboratoire. En corélation directe avec les autres agents, comme eux, il est soumis à des lois que l'on peut réduire à des formules précises.

Le magnétisme humain ne diffère de celui des autres corps que parce qu'il en *débite* une quantité plus considérable et que ses propriétés vitales sont plus grandes. Son action étant toute physique, la volonté de l'opérateur ne joue pas un rôle aussi considérable qu'on l'a supposé jusqu'à présent ; dans tous les cas, je reconnais à cette action deux causes différentes que l'on peut isoler l'une de l'autre pour les étudier séparément.

1° — Une *cause physique* qui exerce son action sans le secours de la pensée et de la volonté ;

2° — Une *cause psychique* où la volonté joue un certain rôle.

Cette distinction établie, je ne parlerai plus que du Magnétisme considéré exclusivement comme agent physique.

— Je le crois d'une importance beaucoup

plus grande que l'autre, car sa pratique est simplifiee par une théorie rationnelle et véritablement scientifique, tandis que les lois qui régissent l'action psychique sont entièrement inconnues. Sa pratique fatigue moins l'opérateur ; le malade conserve, pendant toute la durée de l'action, une liberté morale plus grande ; et ce qui n'est pas sans importance pour la vulgarisation, tous ceux qui peuvent soulager leurs semblables ne sont pas capables de *vouloir* avec assez d'énergie pour obtenir des effets appréciables en dehors du champ relativement limité de leur rayonnement physique.

Partout dans la nature, nous observons deux forces antagonistes, ou plutôt deux modalités différentes d'une même force. Il est de toute évidence qu'il y a une *cause active* qui édifie en opposition avec une *cause passive* qui détruit, et que chez les êtres vivants, la vie et la santé sont entretenus par l'équilibre constant qui existe entre les actions de ces deux causes.

La théorie des contraires, aujourd'hui reléguée en logique, forme à elle seule la moitié de l'histoire de la pensée. En philosophie pure, c'est la doctrine du *fini* et de *l'infini ;* en religion, c'est le *dualisme* représenté par le *bon* et le *mauvais* principe ; en économie sociale, Proudhon l'a appelée la *loi des antinomies.* En mécanique les deux forces génératrices du mouvement circulaire sont la *force centrifuge* et la *force centripète*. En physique, les effets électriques et magnétiques se manifestent par deux courants contraires qui constituent la polarité.

A toute force, il faut une résistance pour point d'appui. Sans ombre, nous n'apprécierons pas la lumière, et si le plaisir n'avait pas la douleur pour terme de comparaison, il nous serait impossible, non seulement de le définir, mais encore d'en avoir une idée. L'amitié, la sympathie que nous avons pour certaines personnes n'est appréciable que comparativement à la haine et à l'antipathie que nous pouvons avoir pour d'autres.

Cette dualité, cette modalité est aussi évidente dans l'action magnétique du corps humain que dans l'électricité et dans l'aimant. Quelques praticiens que nous considérons tous encore aujourd'hui comme nos maitres l'ont étudiée sous cet aspect. Mais il en fut ici comme de toutes les innovations, et malgré son importance, la polarité du corps humain ne tient pas encore, dans l'histoire du Magnétisme, la place qu'elle mérite.

Paracelse et Van Helmont l'ont entrevue et Mesmer la définit ainsi dans sa 9me proposition : *Il se manifeste particulièrement dans le corps humain des propriétés analogues à celle de l'aimant. On y distingue des pôles également divers et opposés qui peuvent être communiqués, changés, détruits ou renforcés. Le phéno-*

mène même de l'inclinaison y est observé.

Le chevalier de Rechenbach est le premier auteur qui ait étudié la polarité du corps humain dans ses rapports avec l'aimant et l'électricité. Davis, le célèbre voyant américain conçut une théorie très hypothétique de la polarité qu'il expose dans son livre *The Harbinger of Health* (*Le Précurseur de la santé*) imprimé à New-York en 1862. Un observateur indien, le docteur By Seeta Nath Ghose expose à son tour une théorie originale dans les numéros de mai et décembre 1883, janvier et mars 1884 du journal *The Theosophist*, de Madras.

Il y a une quinzaine d'années, je lus les *Lettres odiques magnétiques* du chevalier de Reichenbach, mais je dois avouer en toute humilité que je ne sus pas apprécier à leur juste valeur les observations du savant autrichien et que ses révélations ne laissèrent, pour le moment du moins, aucune trace durable dans mon esprit.

Je peux donc dire que les théories des auteurs précités m'étaient inconnues quand, vers la fin de 1883, un malade que je magnétisais me signala une particularité que je n'avais pas encore remarquée. C'était à la fin d'une séance, et tout en causant avec lui, j'appliquais nonchalemment ma main droite tantôt sur le côté droit, tantôt sur le côté gauche de sa poitrine.

Mon étonnement fut grand quand il me

dit que cette même main ne produisait pas les mêmes effets sur les deux côtés du corps. Ma main droite placée à plat sur le côté gauche produisait du calme, de la fraicheur, du bien-être et la respiration était plus libre : placée sur le côté droit, elle produisait de l'excitation, de la chaleur, un certain malaise et la respiration devenait plus difficile. La main gauche produisait des effets analogues dans les mêmes conditions d'opposition.

Je fis placer le malade debout et lui présentant ma main droite au front, il éprouva de la céphalalgie, de la chaleur et fut repoussé. En plaçant la main gauche au même point, une fraicheur agréable se fit sentir et le front fut attiré vers ma main. Des effets inverses se produisirent à la nuque dans les mêmes conditions d'opposition.

Je venais de reconnaître, par hasard, l'analogie du Magnétisme humain avec le magnétisme de l'aimant. Les expériences que je fis le lendemain même avec un barreau aimanté me donnèrent immédiatement la certitude que le pôle austral de l'aimant exerce une action analogue à celle de la main droite, et que le pôle boréal en exerce une analogue à celle de la main gauche.

J'entrepris alors de vérifier les expériences de Reichenbach que je trouvai en partie exactes. En octobre 1885, j'exposai dans le *Journal du Magnétisme*, sous le titre de *Polarité*, une esquisse très imparfaite, de théorie. J'étendis mes expériences aux divers agents de la nature et dans le numéro de janvier 1886, je pus formuler les lois physiques qui régissent les actions du Magnétisme humain. Au mois d'octobre de la même année, je fis paraître la première édition de mon *Traité expérimental et thérapeutique de Magnétisme* qui contient l'exposé de ma théorie.

Les expériences que j'ai faites depuis six ans sur une cinquantaine de sujets sensitifs et sur environ 650 malades confiés à mes soins, m'ont permis de reconnaitre que le corps humain est sillonné par des courants qui circulent dans différentes directions et que ces courants, qui ne sont pas sans analogie avec ceux de la pile et des aimants, constituent la polarité du corps humain.

Je ne demanderai pas à ceux qui soutiennent que cette polarité n'existe pas qu'elles sont les expériences qu'ils ont faites pour arriver à cette conclusion ; mais je les prierai de vouloir bien raisonner quelques instants et faire ensuite l'expérience suivante :

— Nous savons qu'en plaçant un barreau d'acier en contact avec les pôles d'un aimant, ce barreau s'aimante. Le pôle positif du nouvel aimant se trouve sur le négatif de l'ancien ; et réciproquement, le négatif sur le positif. Si le corps humain est polarisé et si cette polarité présente autant d'analogie avec celle de l'aimant, l'aimantation doit se produire au contact de certaines parties du corps. Eh bien ! cette aimantation a lieu. Elle se produit en un temps plus ou moins long, de différentes façons, sur plusieurs parties du corps, mais plus rapidement vers les extrémités. Un des moyens les plus simples est celui-ci : Prenez un ruban d'acier très léger, de préférence un fragment de ressort de montre, long de 8 à 9 centimètres. Maintenez-le à l'un des poignets à l'aide d'un ruban, de telle façon que les extrémités soient placées sur les lignes du pouce et du petit doigt. Au bout de 8 à 10 heures, retirez le fragment d'acier, vous pourrez constater qu'il est aimanté. Le côté négatif aura été déterminé par le côté positif du poignet, et réciproquement, le pôle positif par le négatif, ce qui est conforme aux lois de l'aimantation par l'influence.

Tous les magnétiseurs et les magnétistes sont d'accord pour attribuer les effets qu'ils obtiennent à un agent vulgairement désigné sous le nom de *fluide magnétique*.

Examinons un peu ce que peut être cet agent :

On pensait autrefois que les forces physiques et plus particulièrement la *lumière*, la *chaleur*, l'*électricité*, le *magnétisme* (de l'aimant) étaient autant de forces distinctes ayant chacune son existence propre.

L'action d'une force était étudiée indépendamment d'une autre et les physiciens expliquaient cette action par des hypothèses qui, faute de mieux, satisfaisaient aux doctrines courantes.

Depuis longtemps on observait dans l'action de ces forces, ou pour mieux dire de ces agents des coïncidences qui ne pouvaient être purement accidentelles. Dans ces dernières années, on acquit la certitude qu'ils présentent entre eux des liens de parenté et de filiation très étroits, car la présence de l'un se manifestant dans certaines conditions suffit pour déterminer l'apparition d'un ou plusieurs autres ; en un mot, ils s'engendrent l'un par l'autre et chacun d'eux peut se transformer en tous les autres.

Ainsi, *l'électricité* donne naissance au mouvement, à la chaleur, à la lumière, au magnétisme de l'aimant, aux décompositions chimiques.

La *chaleur* fait naître la lumière et les courants électriques à l'aide desquels on obtient l'aimantation.

Le *magnétisme* de l'aimant détermine des courants électriques.

La *lumière*, dans ses différences qualitatives, présente les couleurs, et dans celles-ci nous observons des actions calorifiques et des actions chimiques.

Pour expliquer l'action de ces divers agents, on fait intervenir la notion de *l'éther*.

L'éther est un *fluide* qui remplit l'univers entier en même temps qu'il pénètre tous les espaces intermoléculaires des corps, partout où la matière tangible ne peut s'insinuer. Il représente la matière à l'état le plus subtil que l'on puisse imaginer.

Pour bien faire comprendre son action, il est nécessaire d'établir une comparaison, en mettant en mouvement un fluide plus matériel.

— Quand, sous l'action du choc, un corps produit un son, ce corps est animé, dans toute sa masse, d'un mouvement vibratoire rapide que l'on peut presque toujours constater par observation directe. Ce mouvement se transmet à l'air ambiant sous forme d'ondulations, et ces ondulations font parvenir jusqu'à notre cerveau, par l'intermédiaire des nerfs acoustiques, les vibrations du corps sonore. Jusqu'à un certain point, un corps lumineux, un corps chaud, un corps électrisé ou aimanté se comporte comme un corps sonore. Il vibre, non pas dans toute sa masse, mais chacun de ses atomes exécute à lui seul un mouvement vibratoire sur place. Ces vibrations que nos sens ne peuvent percevoir directement, sont beaucoup plus petites et considérablement plus rapides que celles des corps sonores. Elles se communiquent également au milieu ambiant et s'y propagent par ondulations L'air et les autres gaz qui nous environnent, étant eux-mêmes constitués par des atomes pondérables, ne peuvent transmettre des mouvements aussi faibles. Le véhicule de ces vibrations est précisément l'éther qui entre lui-même en vibration.

A l'état de repos ou d'*équilibre*, rien n'indique dans un corps la présence de tel ou tel de ces agents, car ce corps est imprégné d'une certaine quantité d'éther, quantité normale et toujours la même pour un même corps. Mais si, par un moyen quelconque, on rompt cet équilibre, la force attractive qui maintenait en contact les molécules éthérées avec les molécules matérielles du corps, des mouvements vibratoires se produisent; et selon leur mode de propagation, leur amplitude, leur vitesse, les vibrations engendrent la chaleur, la lumière, l'électricité, l'aimantation.

Les physiciens sont d'accord sur ces principes, et il n'en est probablement pas un seul aujourd'hui qui cherche à expliquer l'action de ces agents par l'ancienne théorie de l'émission. Mais ce qu'ils ignorent, c'est qu'à côté des vibrations sonores, calorifiques, lumineuses, électriques, il existe d'autres vibrations qui donnent naissance à un autre agent. Cet agent, c'est le *Magnétisme physiologique*, qui se fait sentir sur l'organisme sans accuser sa présence sur l'aiguille aimantée. De plus, avec des *qualités* différentes, ce même agent se trouve dans presque tous les corps de la nature. Il rayonne autour de chacun d'eux et forme une sorte d'atmosphère plus ou moins étendue, qui constitue le champ de leur action. Pour le corps humain, c'est le champ de son action physique ; c'est la sphère dans laquelle il peut influencer magnétiquement un autre corps, sans le secours de la pensée et de la volonté.

Puisque tous ces agents se laissent transformer les uns dans les autres, il est évident que chacun d'eux n'est qu'un mode de manifestation de *l'énergie*.

Pour que le grand principe de la *transformation des forces* puisse être appliqué au magnétisme physiologique, on me dira peut-être qu'il faudrait que cet agent se transformât aussi en tous les autres. — Je répondrai que dans l'état actuel de nos connaissances, nous ne possédons pas d'autre réactif que les êtres vivants ; et que sur le corps humain, l'agent des phénomènes magnétiques que nous observons, donne naissance à presque tous les autres. Ainsi, le *mouvement* est obtenu sous forme d'attraction et de répulsion, d'augmentation ou de diminution de l'activité organique. Ces divers effets sont presque toujours accompagnés d'augmentation ou de diminution de la *chaleur* propre du corps. Un fragment d'acier s'*aimante* au contact du corps humain ; et cet aimant, quelque faible qu'il

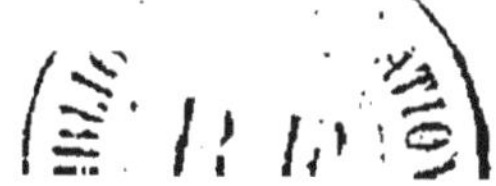

soit, donne naissance à des *courants électriques*. Une substance quelconque, soumise à son action, acquiert des propriétés que j'appellerai *magnéto-chimiques*, très appréciables au goût des sensitifs. Si ce même agent ne produit pas la *lumière*, il devient lumineux dans l'obscurité et brille même à l'œil étonné de toutes les couleurs de l'arc-en-ciel.

Il n'en faut certainement pas davantage pour faire comprendre qu'il est en corrélation directe avec les autres agents de la nature et qu'il aurait droit, comme eux, à un chapitre spécial dans nos ouvrages de physique.

Sa réalité fut admise de toute antiquité, mais son existence n'a jamais été scientifiquement démontrée. Les anciens le définissaient pourtant assez bien en disant : *un esprit intérieur vivifie la matière et c'est son souffle qui préside à ses mouvements* ; aussi, l'ont-ils appelé l'*âme du monde*, l'*âme universelle*. C'est l'*esprit*, le *fluide universel*, l'*archée de la nature* qui servit de base aux théories de Van-Helmont et de Mesmer; la *matière subtile* de Descartes, avec son « plein » et ses « tourbillons » ; le principe que Newton qualifiait d' « *esprit très subtil* qui pénètre à travers « tous les corps solides et qui est caché dans leur substance » ; c'est enfin l'*od* de Reichenbach. Resserré dans les limites étroites de l'énergie humaine, c'est le *principe vital* de Barthez, l'*électricité animale* de Pététin, la *force neurique rayonnante* de Barèty, le *nervisme* de Luce, le *fluide nerveux* de quelques physiologistes contemporains.

La science officielle n'admet plus l'existence d'un fluide particulier à chaque agent de la nature, mais le mot lui étant encore nécessaire, surtout pour l'explication des phénomènes électriques, il est conservé dans le langage scientifique. Si, dans l'acception propre du mot, il n'y a pas de fluide spécial à chaque agent, c'est-à-dire à chaque mode vibratoire de l'éther, il est évident qu'une modification, qu'une manière d'être du fluide éthéré se produit dans chaque transformation ; et que, suivant les cas, on peut encore employer les qualificatifs de *fluide lumineux*, *calorifique*, *électrique* ou *magnétique*.

Le fluide magnétique considéré comme agent des phénomènes que nous observons étant ainsi défini, examinons rapidement quelques-unes de ses propriétés physiques.

Il présente de grandes analogies avec les autres agents de la nature. Comme l'électricité, le magnétisme de l'aimant, le magnétisme terrestre, il obéit aux lois de la polarité ; comme la lumière et la chaleur, il rayonne autour des corps et ses rayons peuvent être réfléchis à la surface de certains corps et réfractés en passant d'un milieu dans un autre ; comme l'électricité, il peut être conduit à distance sur un fil et isolé par certains corps ; enfin, comme le magnétisme de l'aimant, il se communique à certains corps, avec cette différence que la communication ne se fait pas en vertu des mêmes lois.

Entrons dans quelques considérations plus étendues.

L'agent magnétique nous est expérimentalement démontré ; mais, n'ayant pas de sens pour le percevoir, nous ne le connaissons guère que par les effets qu'il produit.

Quelques malades soumis à la magnétisation perçoivent une saveur caractéristique ; j'en ai rencontré un qui le percevait par les nerfs olfactifs. Un grand nombre disent voir une lueur vaporeuse qui les enveloppe et quelques-uns distinguent des rayons blanchâtres qui s'échappent des yeux et des mains de l'opérateur.

Quoiqu'il n'influence pas directement la rétine, pourrait-il, dans certains cas, tomber sous le sens de la vue ?

Un dicton doit éveiller notre attention. — Quand on reçoit un choc violent à la tête, après y avoir porté la main, on exprime généralement sa douleur par une expression analogue à celle-ci : *J'en ai vu 36 chandelles !* Ce dicton, devenu populaire, semble tout au moins [illegible] qu'un certain nombre de personnes perçoivent des effets lumineux sous la violence du choc. Nous savons que quelques personnes voient certains sons sous forme de couleurs, et que plusieurs malades, dans une nuit obscurevoient briller d'une lueur blanchâtre le souffle de ceux qui reposent à leurs côtés, ainsi que les objets métalliques qui les environnent.

Si dans une obscurité relative divers objets deviennent lumineux, il est fort probable que dans l'obscurité complète, des phénomènes d'un caractère tout particulier se présenteraient à la vue d'un certain nombre de personnes.

Tâchons donc d'obtenir, dans une chambre spacieuse, une obscurité aussi complète que possible. Plaçons dans cette chambre un aquarium avec des poissons, des pots de fleurs, un aimant, un cristal, des mètaux, etc., et pénétrons-y avec un chien, un lapin, cinq à six observateurs des deux sexes et plusieurs de ces personnes qui perçoivent certains sons sous forme de couleurs ou qui distinguent quelquefois des effets lumineux pendant la nuit. A défaut de ces dernières, pénétrons-y avec plusieurs de nos sensitifs et attendons que la *lumière se fasse.*

Si nous avons de bons sensitifs, notre patience ne restera pas longtemps à l'épreuve. Au bout de 10 à 15 minutes, nous apprendrons que nos yeux deviennent visibles, que notre silhouette se détache dans l'obscurité et apparaît à l'œil du sensitif sous une forme indécise, vaporeuse et blanchâtre.

Il est bon d'observer qu'il n'y a que les meilleurs sensitifs qui puissent voir une forme appréciable dans un laps de temps aussi court. Les sensitifs ordinaires ne distingueront que fort peu de chose au bout d'une heure et il faudra souvent plusieurs séances de deux heures pour que les personnes d'une sensitivité médiocre puissent apercevoir la forme d'une personne ou d'un objet quelconque.

Comme nous avons besoin d'aller vite, restons avec le meilleur sensitif et prions-le de nous faire part de tout ce qu'il *verra*.

— Dans cette forme indécise, nos traits se dessineront bientôt dans toute leur pureté et notre corps apparaîtra dans une blanche incandescence.

Au fur et à mesure que l'œil se débarrassera de l'excitation produite par la lumière dans laquelle il aura été plongé avant de pénétrer dans la chambre obscure, notre *voyant* verra paraître dans cette lumière blanchâtre des teintes différentes qui se caractériseront de plus en plus. Une sorte d'auréole, dans laquelle plusieurs couleurs paraîtront s'entremêler, se montrera au-dessus de nos têtes, qui brilleront elles-mêmes d'un éclat tout particulier. Les côtés latéraux du corps, depuis le bord supérieur des temporaux jusqu'aux extrémités des mains et des pieds, paraîtront bleu à droite, jaune à gauche.

La lumière bleue du côté droit, la jaune du côté gauche, sembleront s'avancer vers la ligne médiane pour se confondre ; et sur les côtés latéraux, en augmentant d'intensité, les couleurs passeront à l'indigo et à l'orangé.

Quand toute excitation aura disparu de l'œil — au bout d'une heure environ — le sujet verra le devant de notre corps briller d'une couleur qu'il n'avait pas encore perçue. Il lui semblait d'abord que la ligne médiane — le front, le sternum, la colonne vertébrale — brillait d'une lumière indécise, provenant du mélange ou plutôt de la juxtaposition du bleu et du jaune ; mais il va voir distinctement une bande d'un bleu très vif, large de 3 à 4 centimètres, prendre naissance vers le bord supérieur du frontal, diminuer de largeur et suivre la ligne du nez sous la forme d'un filet très brillant. A quelques millimètres au-dessous des ailes du nez, ce filet s'élargit considérablement et couvre toute la lèvre supérieure où il paraît se terminer. Cette teinte bleue reparaît à la pointe du menton, suit le digastrique, la ligne des sterno-hyoïdiens, le sternum, et en s'affaiblissant, elle arrive jusqu'au nombril où elle disparaît à peu près complètement. Par derrière, une bande jaune pâle, large de 4 à 5 centimètres, part de la région coccygienne, remonte vers la colonne vertébrale et devient de plus en plus brillante jusqu'au cervelet. Là, le phénomène se complique et la colonne vertébrale présente un spectacle aussi curieux qu'inattendu. — Au milieu de cette bande jaune, il se détache une bandelette large de 7 à 8 millimètres qui semble briller d'une couleur bleuâtre d'un aspect tout particulier. En examinant attentivement, le voyant reconnait la présence de plusieurs couleurs plus ou moins vives qui pâlissent et tendent à disparaître dans les reflets du bleu. Ces couleurs sont disposées en minces filets les uns à côté des autres, dans l'ordre où la nature les a placées dans l'arc-en-ciel. A la base du cervelet, cette bandelette s'élargit et les filets colorés semblent s'entremêler circulairement en repoussant le jaune à droite et à gauche jusqu'à environ un centimètre au-dessus du bord supérieur de l'occipital où il se termine sous la forme d'un cordon jaune-orangé très vif. Une sorte de circulation s'établit entre cette lumière jaune et la bleue de la région frontale, et leur mélange donne naissance à un vert très brillant qui couvre la partie supérieure de la tête, sur une largeur de 5 à 6 centimètres.

Au premier examen d'ensemble, le côté droit parut entièrement bleu, le gauche entièrement jaune; mais au fur et à mesure que la vision devint plus parfaite, le voyant aperçut des bandes longitudinales de nuances différentes qui se fondaient les unes dans les autres et tendaient à disparaitre, à droite, dans les reflets du bleu, à gauche, dans ceux du jaune.

Les membres pelviens et thoraciques présentent une autre particularité. — Le bras droit, comme le côté auquel il appartient, paraît entièrement bleu ; le gauche entièrement jaune ; mais comme le tronc, ils présentent des nuances différentes. Allongés, la paume de la main en arrière, on remarque surtout, dans le bleu indigo du bras droit, une petite bande jaune, sur toute la longueur du côté interne, c'est-à-dire du pouce ; et dans le jaune-orangé du gauche, une petite bande bleue, sur le côté du petit doigt.

Chaque doigt paraît plus ou moins bleu du côté de l'auriculaire, plus ou moins jaune du côté du pouce. La face palmaire de la main droite brille d'un bleu indigo très brillant, surtout du côté du petit doigt ; la face dorsale est jaune-clair. La face palmaire de la gauche brille d'un jaune-orangé très brillant, surtout du côté du pouce ; la face dorsale est bleu-clair.

Les jambes et les pieds offrent à la vue les mêmes couleurs que les bras et les mains correspondants.

L'œil droit lance continuellement un faisceau de lumière bleue, le gauche, un faisceau de lumière jaune qui s'étendent à une distance de plusieurs mètres. De l'oreille droite, il jaillit sans cesse quelques rayons de lumière bleue ; de la gauche, quelques rayons de lumière jaune. Chaque mouvement respiratoire projette par la narine droite un petit faisceau de lumière bleue, par la gauche, un de lumière jaune.

Le son de la voix devient visible sous forme lumineuse. En général, quand le timbre de la voix est aigu la couleur est bleue ; les sons nasillards sont bleu-gris ou rouges. Le souffle chaud est gris-bleu : le souffle froid, lancé en serrant les lèvres comme pour éteindre une bougie, est jaune-clair. Le sifflement est d'un bleu-indigo d'autant plus vif que le son est plus aigu.

Si nous frappons dans nos mains, il jaillit une gerbe de lumière verte.

Quand l'équilibre des forces qui constitue la santé est rompu, les couleurs sont plus ou moins modifiées. Dans les maladies caractérisées par une diminution de l'activité organique, comme dans les paralysies, les couleurs sont moins brillantes, moins actives. Dans celles qui sont au contraire caractérisées par une augmentation de l'activité, les couleurs sont plus vives, plus brillantes, plus scintillantes, comme si elles étaient la conséquence d'une combustion plus active.

La lumière de l'homme n'est pas identiquement la même que celle de la femme. A droite, l'homme brille d'un bleu-indigo plus vif, plus intense que celui de sa compagne, tandis qu'à gauche, la lumière de celle-ci est d'un jaune plus beau, plus actif que celui de l'homme.

Le corps des animaux supérieurs brille de couleurs analogues à celles du corps humain.

Le sommet des plantes (feuilles, fleurs, fruits) quelle que soit la couleur sous laquelle nous les voyons à la lumière du jour, brille violet, bleu ou indigo ; la base est jaune. La lumière des fleurs qui est généralement bleue, est plus brillante que celle des feuilles et des fruits. On observe toujours plusieurs nuances dans les différentes parties d'une fleur. Ainsi, le bord des pétales est d'un bleu plus ou moins vif, le centre, bleu clair ; le pistil et les étamines sont indigo. Ces différentes nuances rayonnent autour des feuilles et des fleurs et la lumière des unes se mêlant avec celle des autres donne à l'ensemble de la plante l'aspect d'un buisson flamboyant d'une remarquable beauté. La couleur dominante est bleue. La plante est suffisamment éclairée pour que le voyant distingue, sans efforts, tous les détails de forme, de structure et de couleur.

Les minéraux qui présentent des traces d'organisation, comme les cristaux, brillent également de couleurs différentes. — La pointe des cristaux est bleu-indigo ; la base, c'est-à-dire la partie sur laquelle ils se sont développés est jaune. Les autres minéraux et presque tous les corps de la nature, sauf les corps amorphes qui ne sont pas lumineux, ne brillent que d'une seule couleur.

L'aimant mérite une description spéciale, car son rayonnement lumineux s'étend à une distance beaucoup plus grande que celui du corps humain et de tous les autres corps lumineux.

Le voyant est saisi d'étonnement en présence d'un aimant en fer à cheval d'une force portante de 70 à 80 kilogrammes, placé sur une table, les pôles dirigés en haut. Deux énormes faisceaux d'une lumière flamboyante s'échappent des deux branches et montent parallèlement, sans se mêler l'une dans l'autre, sans s'attirer ni se repousser, jusqu'au plafond qui se trouve bientôt éclairé dans un rayon de près d'un mètre. La lumière qui s'échappe du pôle positif ou austral est bleu-indigo ; celle du pôle négatif ou boréal est jaune orangé. Dans les deux faisceaux lumineux, on observe plus ou moins distinctement les couleurs de l'arc-en-ciel, mais ces couleurs secondaires sont pâles et tendent à s'effacer dans les reflets du bleu et du jaune.

Cette lumière, comme celle de l'homme, possède plusieurs propriétés communes avec la lumière qui nous éclaire et avec la flamme provenant de la combustion. Comme celle-ci, elle se courbe sous l'action d'un courant d'air ; une planchette ou un livre placé à plat sur le faisceau lumineux le divise et les deux parties se rejoignent à quelque distance au-dessus. On peut la décomposer jusqu'à un certain point comme la lumière solaire.

Si nous plaçons une substance quelconque, de l'eau, par exemple, dans la lumière de l'homme, du cristal ou de l'aimant, elle devient entièrement lumineuse. En l'exposant dans la lumière bleue, elle prend une saveur acide qui est agréable au gout des sensitifs ; en l'exposant dans la lumière jaune, elle devient alcaline, fade, désagréable, sans que l'on puisse constater de réaction chimique. La première paraît fraiche, la seconde tiède ; et pourtant, la température de l'une est égale à celle de l'autre : c'est celle du milieu ambiant, car la lumière magnétique n'exerce aucune action calorifique.

Quelle que soit sa couleur, cette lumière se transporte à distance sur un fil conducteur. De proche en proche, le fil devient lumineux et la lumière parait à l'extrémité. Sa vitesse est infiniment petite si on la compare à celle de l'électricité, car elle ne paraît pas dépasser 8 à 10 mètres par seconde.

Pour quelques instants, reportons encore notre attention sur le rayonnement lumineux de l'homme. Pour cela, que l'un des observateurs s'étende sur un banc ou sur un canapé-lit, dans le décubitus dorsal. Au bout de quelques instants, le voyant nous répètera ce qu'il a déjà dit, puis il ajoutera que les particules lumineuses sortent en nombre incalculable de toutes les parties du corps et qu'elles sont généralement poussées en ligne droite, perpendiculairement à la surface d'où elles s'échappent. Mais en s'approchant des extrémités, la ligne suivie par une particule lumineuse s'éloigne de la perpendiculaire pour former avec les extrémités un angle de plus en plus aigu, de telle façon qu'au bout des doigts, allongés et réunis, les lignes deviennent parallèles et forment de véritables faisceaux lumineux, bleu-indigo à droite, jaune-orangé à gauche. Ces faisceaux s'étendent jusqu'à 60 et même 80 centimètres au-dessus des extrémités.

Les molécules lumineuses sortent du corps avec leur maximum de pouvoir éclairant. Ce pouvoir diminue et finit par s'éteindre, mais tout indique que les molécules devenues opaques continuent encore leur course jusqu'à une certaine distance.

Ce rayonnement lumineux est très vif vers le haut du corps. L'auréole que les peintres placent autour de la tête des personnages religieux donne une idée, mais une idée bien imparfaite, bien grossière de ce qui se passe à la vue d'un bon sensitif exercé par quelques séances à cette sorte de *voyance*.

Le corps lui-même devient entièrement

lumineux et d'une transparence particulièrement remarquable. A travers les vêtements, des courants qui semblent toujours cheminer dans le même sens, avec les mêmes couleurs, sont perçus dans les profondeurs de la machine humaine et un coin du voile qui couvre le fonctionnement de la vie organique se soulève. Les manifestations de la pensée et de la volonté paraissent même appréciables, par des nuances différentes et par des sortes d'ondulations qui emportent au loin les mouvements vibratoires du cerveau.

Pour que l'esprit ne reste pas confondu devant ce spectacle sans cesse grandissant, ne cherchons pas à approfondir davantage cette étrange révélation. Hâtons-nous de quitter la chambre obscure et de revenir à la lumière du jour, pour étudier encore l'agent magnétique dans quelques-uns de ses rapports avec les autres agents de la nature.

L'agent magnétique que nous venons de constater par le sens de la vue ne traverse pas les liquides comme la lumière, mais ceux-ci s'en saturent et s'en chargent. Quand la saturation est complète, le dégagement se fait par rayonnement sur toute la surface du vase qui les renferme si ce vase est sphérique ; par les bords et surtout par les angles s'il est polyédrique.

En tombant à angle droit sur un corps

quelconque, la presque totalité des rayons traverse ce corps. En tombant sous un angle aigu, sur une surface polie ou suffisamment polie, la plus grande partie des rayons se réfléchissent et cette réflexion est soumise aux deux lois suivantes qui régissent la réflexion des rayons lumineux et calorifiques :

1re LOI. — *L'angle de réflexion est égal à l'angle d'incidence ;*

2me LOI. — *Le rayon incident et le rayon réfléchi sont dans un même plan perpendiculaire à la surface réfléchissante.*

La réflexion se fait également, suivant les lois de l'optique, sur une surface convexe ou concave.

En traversant certains milieux il se réfracte comme les rayons lumineux et calorifiques et ce phénomène paraît soumis aux deux lois de Descartes qui régissent la réfraction des rayons lumineux et calorifiques.

Ainsi, les rayons magnétiques traversent un prisme et se réfractent en formant un cône spectral beaucoup plus étendu que le cône lumineux, mais qui n'est pas sans analogie avec ce dernier.

Les mêmes rayons traversent également une lentille biconvexe, et comme les rayons lumineux, en la traversant, ils acquièrent une plus grande énergie. Ils se rassemblent en un foyer qui se trouve à environ deux fois la distance du foyer optique. Ils traversent indifféremment une lentille et un prisme en cristal ou en métal.

J'ai à signaler ici une particularité remarquable. On observe dans l'aimant deux modes vibratoires, c'est-à-dire deux agents différents.

1° — Un *agent physique* qui se propage en ligne droite, à travers tous les corps. C'est par cet agent que les aimants agissent les uns sur les autres : c'est l'agent connu des physiciens.

2° — Un *agent physiologique*. C'est l'agent qui est analogue à celui qui émane du corps humain et des divers agents de la nature.

Ils peuvent être dissociés l'un de l'autre et étudiés séparément,

1er Exemple. — Remplissons d'eau un vase rectangulaire de 30 à 40 centimètres de longueur sur 10 ou 20 de largeur que nous placerons sur une table. Plaçons d'un côté une boussole et de l'autre un fort barreau aimanté, nous constaterons que l'action de l'aimant sur la boussole n'est ni plus ni moins énergique que s'il n'y avait aucun corps interposé entre eux. Retirons l'aiguille aimantée et prions un sensitif de mettre l'une de ses mains à la place, il n'éprouvera aucune impression. Toute la force qui doit l'impressionner est absorbée par le liquide ; et au bout de quelques instants, quand celui-ci est saturé, le dégagement se fait par les bords et sutout par les angles. C'est là que le sujet éprouve l'action qu'il ressent ordinairement quand il se trouve placé dans le prolongement de l'aimant.

2me Exemple. — Inclinons sur une table un fort aimant — que ce soit un barreau ou un fer à cheval — pour faire, avec une glace placée horizontalement sur une chaise, un angle quelconque. Une aiguille aimantée placée derrière la glace, dans le prolongement de l'aimant, nous démontrera que celui-ci agit en ligne droite. Cherchons maintenant à constater au-dessous de la glace, une action quelconque sur l'organisme. Aucune action n'aura lieu, ni dans le prolongement de l'aimant, ni dans toute l'étendue du champ magnétique; mais si nous cherchons au-dessus de l'aiguille, dans un plan perpendiculaire à la surface de la glace, nous ne tarderons pas à la rencontrer. Les rayons sont réfléchis et l'on peut constater approximativement que l'angle de réflexion est égal à l'angle d'incidence. Sur toute la ligne parcourue par les rayons réfléchis, une main du sujet sera affectée et l'aiguille aimantée ne le sera pas.

Que l'agent magnétique émane du corps humain ou de celui des animaux, des aimants, des cristaux ou n'importe quel agent de la nature, il est soumis aux mêmes lois physiques mais il ne possède pas les mêmes propriétés physiologiques. C'est le même agent, mais il est modifié selon la nature des milieux qu'il traverse. Il devient d'autant plus agréable, d'autant plus curatif, qu'il émane d'un corps animé mieux organisé. Il est alors *vivifié* et plus en harmonie avec notre organisation et son assimilation se fait sans efforts C'est ainsi que l'action des corps inanimés n'est pas aussi bienfaisante que l'action des végétaux qui, elle-même, est loin de valoir celle des animaux supérieurs. Les effets salutaires de l'action humaine s'exercent même en raison directe des qualités physiques et morales du magnétiseur.

Cette action se montre également évidente dans le somnambulisme lucide. Ainsi, un somnambule peut être endormi par un aimant, par un cristal, par un végétal ou par un animal. Si l'état physiologique paraît le même dans tous les cas, l'état psychologique diffère essentiellement. Endormi par l'aimant, par une plante desséchée ou par un corps inanimé, le somnambule ne possède jamais aucune lucidité. Cette vision de l'âme commence à paraître, très imparfaite, avec une plante verte, elle devient meilleure avec un animal et acquiert son maximum de perfection sous l'influence humaine quand la sympathie est complète entre le magnétiseur et le magnétisé.

L'étude des propriétés physiques de l'agent

magnétique est de la plus haute importance, car tout en nous montrant comment les individus agissent les uns sur les autres, elle éclaire d'un jour tout nouveau le mécanisme de la vie organique. Mais cette étude est difficile. Pour observer les manifestations lumineuses dans toute leur beauté, il faut d'excellents sensitifs exercés plus ou moins longtemps, et l'obscurité doit être absolue. Toutefois, on peut faire des observations qui ne sont pas entièrement dénuées d'intérêt, à la lumière du jour ou à celle d'une lampe, à la condition toutefois que le sujet soit plongé dans une phase avancée de l'état somnambulique où les yeux peuvent s'ouvrir.

Nevers, Imprimerie Générale L. Gourdet.

INSTITUT MAGNÉTIQUE

23, rue Saint-Merri, Paris.

L'*Institut Magnétique* a pour objet principal l'application du magnétisme minéral, c'est-à-dire de l'aimant et du magnétisme humain, au traitement des maladies rebelles.

Il fournit aux malades les aimants brevetés et déposés du professeur H. Durville, qui leur sont nécessaires.

Il traite par le magnétisme humain et par le massage les malades, atteints d'affections trop rebelles pour être guéries par les aimants ou par les moyens ordinaires de la médecine classique

L'*Institut* prend des pensionnaires.

Les malades logés au-dehors viennent au traitement à des heures convenues ou un magnétiseur se rend chez eux.

Le magnétisme humain est une force inhérente à l'organisme et toute personne dont la santé est équilibrée peut guérir ou soulager son semblable. Dans la plupart des cas, l'homme peut être le médecin de sa femme ; celle-ci, le médecin de son mari et de ses enfants.

Dans les maladies graves, aiguës ou chroniques, où la vie est en danger, quelques magnétisations faites dans les règles de l'art suffisent presque toujours pour faire cesser les symptômes alarmants. Un parent, un ami, un domestique animé du désir de faire le bien, peut souvent, en quelques jours, être apte à continuer le traitement et à guérir la maladie la plus rebelle si les organes essentiels à la vie ne sont pas trop profondément altérés.

Pour atteindre ce but, le directeur de l'*Institut* se met à la disposition des familles, tant à Paris qu'en province et même à l'étranger, pour organiser ce traitement au lit du malade.

En dehors de cet enseignement spécial, l'*Institut* est une école pratique où le magnétisme est enseigné dans des cours réguliers.

Un médecin est attaché à l'*Institut* en qualité de chef de clinique.

Le directeur reçoit tous les jours de 1 à 4 heures.

TRAITEMENT DES MALADIES

à la portée de tous les malades

Par les aimants du professeur H. DURVILLE

Déposés et brevetés en France et à l'étranger

Les aimants convenablement appliqués guérissent ou soulagent toutes les maladies. L'immense avantage qu'ils possèdent avec le magnétisme humain, sur tous les autres modes de traitement, c'est que l'on peut, selon la nature de la maladie, produire soit une augmentation, soit une diminution de l'activité organique et rétablir ainsi l'équilibre des forces qui constitue la santé. Les douleurs vives cessent au bout de quelques instants, les accès deviennent moins fréquents et la guérison se fait sans médicaments et sans modifier son régime et ses habitudes.

Leur emploi se généralise dans le traitement des diverses maladies et plus particulièrement dans les maladies nerveuses, où les médicaments font du mal même en guérissant.

Ces aimants comprennent plusieurs catégories :

Lames magnétiques

Au nombre de 6, elles s'emploient dans les cas suivants :

Le nº 1, contre les affections du nez, des fosses nasales et des yeux.

Le nº 2, contre la crampe des écrivains et des pianistes, les affections des poignets, du cou-de-pied et de l'organe génital chez l'homme.

Le nº 3, contre les affections des bras, des avant-bras, des genoux et des jambes.

Le nº 4, contre les affections de la gorge et du larynx ; contre les douleurs siégeant vers la partie inférieure des cuisses.

Le nº 5, contre les affections de la moelle épinière, des reins, des poumons, du foie, du cœur, de la rate, de l'estomac, de l'intestin, de la vessie, de la matrice et des ovaires.

Le nº 6, contre les bourdonnements, la surdité, la migraine, les maux de dents, les névralgies, l'insomnie et toutes les affections du cerveau, y compris les affections mentales. — Contre la sciatique.

Prix de chaque lame . . . . 5 fr.

Dans beaucoup de maladies anciennes et rebelles, une seule lame n'est pas toujours suffisante pour vaincre le mal. Pour obtenir une plus grande somme d'action, plusieurs lames sont réunies pour former des appareils désignés sous le nom de *plastrons* ou *lames composées*.

Les lames composées sont doubles, triples, quadruples ou septuples. Cette dernière ne s'emploie que contre les maladies de la moelle épinière.

Les appareils de plusieurs lames valent 10, 15, 20, 35 fr. selon qu'ils sont composés de 2, 3, 4 ou 7 lames.

Plaques magnétiques

Elles s'emploient contre les affections des pieds et plus particulièrement contre le froid aux pieds accompagné de chaleur à la tête.

Prix de chaque plaque . . . . 5 fr.

Les *plaques* et les *lames magnétiques* simples ou composées sont regarnies et réaimantées pour la moitié de leur prix d'achat soit 2 fr. 50 pour une plaque ou pour une seule lame. 5 fr., 7 fr. 50, 10 et 17 fr. pour un plastron de 2, 3, 4 ou 7 lames.

Barreaux aimantés

Ils peuvent s'employer dans le plus grand nombre des cas.

Prix du barreau . . . . 5 fr.

Bracelets magnétiques

Bijoux nikelés très élégants. S'emploient contre tous les malaises tels que maux de tête ou d'estomac, palpitations, névralgies, migraine, douleurs dans les bras, etc., etc.

Prix du bracelet . . . . 10 fr.

Aimants en U.

Ils s'emploient dans quelques cas graves, aigus ou chroniques, affectant plus spécialement l'ensemble de l'organisme — et pour magnétiser les boissons et les aliments.

Force portante : de 9 à 10 kilogr., prix . . . . 20 fr.

— *de 18 à 20* — *prix*. . . . . . . 50 fr.

Sensitivomètre

S'emploie surtout pour mesurer le degré de sensitivité de chaque personne.

Prix. 10 fr.

Boussole

en argent, diamètre extérieur, 16 millim. pouvant être suspendue à la chaîne de la montre, sert à apprécier approximativement la force des aimants.

Prix. 5 fr.

Les malades peuvent choisir eux-mêmes, les appareils qui leur sont nécessaires ; toutefois, dans les maladies où plusieurs organes sont affectés, il est préférable d'exposer au directeur de l'*Institut*, aussi succinctement que possible, la nature, la cause, les symptômes de la maladie, l'époque depuis laquelle on souffre, etc. Il est répondu par le directeur ou par le médecin consultant, quels sont les appareils que l'on peut employer avec le plus de chance de succès, et comment on doit les employer. Joindre un timbre pour affranchissement de la réponse.

Mode d'expédition.

Les aimants sont envoyés franco, par la poste, dans tous les pays de l'Union postale.

Toute demande doit être accompagnée d'un mandat ou d'un chèque à vue sur Paris, à l'ordre du professeur H. Durville, directeur de l'*Institut magnétique*, 23, rue Saint-Merri, à Paris. Pour les pays éloignés où les envois d'argent sont difficiles et coûteux, on accepte le paiement en timbres-poste, moyennant une augmentation de 10 pour 100.

www.ingramcontent.com/pod-product-compliance
Ingram Content Group UK Ltd.
Pitfield, Milton Keynes, MK11 3LW, UK
UKHW012304240726
13966UKWH00004B/1610

9 782013 62620